UNE PREMIÈRE ANNÉE

D'ARITHMÉTIQUE.

SAINT-CALAIS, IMPRIMERIE DE PELTIER-VOISIN.

UNE PREMIÈRE ANNÉE

D'ARITHMETIQUE,

Contenant

LES DÉFINITIONS PRÉLIMINAIRES DE CETTE SCIENCE,

L'EXPOSÉ DU SYSTÈME MÉTRIQUE,

Les quatre opérations fondamentales de l'arithmétique,

LES PREUVES RAISONNÉES DE CES QUATRE OPÉRATIONS

et une méthode

POUR CHANGER LES FRACTIONS ANCIENNES

EN FRACTIONS DÉCIMALES.

A l'usage des Petits Enfans.

PAR A. G.-C.

SAINT-CALAIS,

PELTIER-VOISIN, LIBRAIRE,

Place de l'Eglise.

1843.

PRÉFACE.

L'expérience m'a démontré qu'après la numération et l'exposé du système métrique, un maître chargé d'enfans de huit à dix ans ne peut espérer d'aller au-delà des quatre règles dans le court espace de dix mois. C'est ce qui m'a décidé à livrer à la presse ce petit recueil destiné aux commençants. Je le crois simple et clair ; et, tout dégagé qu'il est de démonstrations élevées, il est suffisamment raisonné. Je n'ai point chargé mon opuscule de problèmes. Un maître quelque peu exercé saura toujours en dicter de proportionnés à la force de ses élèves.

Puisse ce faible gage de ma sollicitude pour le jeune âge être utile à ceux auxquels je le dédie ! j'aurai obtenu tout le but que je me suis proposé.

A. G. G.

ARITHMÉTIQUE.

DÉFINITIONS.

L'arithmétique est la *science qui enseigne à effectuer diverses opérations sur les nombres.*

Un nombre est la *réunion de plusieurs unités de même espèce.*

On appelle *unité* un objet seul servant de terme de comparaison à toutes les quantités de même espèce: Le *mètre*, le *franc*, le *litre*, le *gramme* etc. sont des *unités.*

On entend par *quantité* tout ce qui est susceptible d'augmentation ou de diminution: L'*étendue* des choses, leur *prix*, les *poids*, les *mesures*, les *monnaies*, les *diverses parties* du temps etc. sont des *quantités.*

On distingue plusieurs sortes de nombres ; le nombre *abstrait*, le nombre *concret*, le nombre *entier*, le nombre *fractionnaire* et les *fractions.*

Le nombre *abstrait* est celui qui ne désigne aucune espèce d'unités, comme *deux*, *trois*, *vingt* etc.

Le nombre *concret* en désigne une espèce quelconque ; comme *quatre mètres*, *vingt francs*, *cent litres* etc.

Le nombre *entier* est celui qui n'exprime que des unités entières ; comme *cinq grammes*, *douze francs* etc.

Le nombre *fractionnaire* contient des unités entières accompagnées de subdivisions ; comme *six mètres*, *vingt-cinq centimètres*.

Les *fractions* sont des nombres qui ne contiennent que des subdivisions de l'unité ; comme *deux dixièmes*, *trente-cinq centièmes*, *trois cinquièmes*, *six onzièmes* etc.

DEUXIÈME LEÇON.

NUMÉRATION.

La *numération* est l'art de *former*, d'*énoncer* et de *représenter* les nombres.

On la divise en *numération parlée* et en *numération écrite*.

Pour former les nombres on a d'abord conçu *l'unité*; on a ajouté l'unité à elle-même et l'on a eu *deux*; l'unité à *deux*, et l'on a eu *trois*; l'unité à *trois*, et l'on a eu *quatre*, et ainsi de suite.

On énonce les nombres au moyen d'une petite quantité de mots que l'on appelle *noms de nombres*, tels que *un*, *deux*, *trois*, *dix*, *vingt*, *cent* etc : c'est l'objet de la *numération parlée*.

On représente les nombres avec une quantité limitée de caractères, que l'on appelle *chiffres*, et qui sont 1, 2, 3, 4, 5, 6, 7, 8, 9, 0. C'est l'objet de la *numération écrite*.

Les neuf premiers chiffres ont par eux-mêmes une valeur réelle. Le *zéro* ne sert qu'à donner au chiffre placé à sa gauche une valeur *dix fois plus grande* que celle qu'il a par lui-même.

Ainsi la *numération parlée* énonce les nombres par la parole; et la *numération écrite* les représente par des chiffres.

Pour exprimer tous les nombres possibles au moyen de dix caractères seulement on est convenu 1° Que tout chiffre placé à la gauche d'un autre vaudrait *dix fois plus* que s'il était seul ; 2° Que de dix unités simples on en formerait une nouvelle que l'on appellerait *dixaine* ; de dix dixaines, une *centaine*, et enfin de dix centaines une unité appelée *mille*.

Arrivé aux *mille*, on les considère comme de nouvelles unités qui ont aussi leurs *dixaines* et leurs *centaines* : on arrive par ce moyen aux *millions*, aux *billions* ou *milliards* etc.

D'après cette formation, principe du système décimal, un nombre, quelque grand qu'il soit, n'est que l'assemblage d'autres nombres plus petits, composés de trois chiffres chacun ; d'où l'on tire ces deux règles :

1° Pour représenter en chiffres un nombre quelconque, commencez par la gauche à écrire les unités les plus fortes, puis les autres en avançant toujours vers la droite, observant que chaque espèce d'unités ne contient que *trois chiffres*, et que si dans l'énoncé il n'y en a pas *trois*, on doit remplacer par des *zéros* les centaines, les dixaines et les unités qui manquent.

2º Pour énoncer un nombre écrit en chiffres, séparez-le en tranches de trois chiffres chacune, en partant de la droite, jusqu'à ce que vous soyez arrivé à la dernière, qui peut en avoir moins de trois. La première tranche à droite prend le nom de tranche des *unités*, la seconde est la tranche des *mille*, la troisième celle des *millions* etc.

Nous remarquerons ici que les chiffres ont deux valeurs, l'une *absolue* et l'autre *relative*. La valeur *absolue* d'un chiffre est celle qu'il a par lui-même et indépendamment de la place qu'il occupe.

La valeur *relative* est celle que lui donne le rang qu'il tient. Dans 24 par exemple, la valeur absolue de 2 est 2 *unités*, et sa valeur relative est *deux dixaines* ou *vingt*.

Concluons de ce qui précède que tout chiffre suivi d'un, deux ou trois zéros est dix fois, cent fois, mille fois plus grand que s'il était seul ; et réciproquement qu'en supprimant à sa droite un, deux, ou trois zéros, on le rend dix fois, cent fois, mille fois plus petit.

TROISIÈME LEÇON.

FRACTIONS DÉCIMALES.

On appelle *fractions décimales* des parties de l'unité qui sont dix fois, cent fois, mille fois plus petites qu'elle, et de dix en dix fois plus petites les unes que les autres : on les appelle *dixièmes*, *centièmes*, *millièmes* etc.

Les fractions décimales s'énoncent dans l'ordre suivant : 1º à la droite des entiers, dont on les sépare par une virgule et la lettre initiale de l'espèce d'unité, les *dixièmes*, 2º les *centièmes*, 3º les *millièmes* etc. On remplace par des zéros les ordres qui manquent.

Quand il n'y a pas d'unités entières, avant d'écrire les décimales, on pose d'abord 0 suivi de la lettre initiale de l'unité qu'il représente ; par exemple $0^m 25$.

Les fractions décimales se lisent comme les nombres entiers , et prennent la dénomination de la dernière à droite ; par exemple 0ᵐ 255 millimètres.

Nota. 1º Un nombre entier accompagné de fractions décimales devient 10 fois , 100 fois , 1000 fois plus grand , lorsqu'on reporte la virgule d'un , deux ou trois rangs vers la droite ; et réciproquement il devient 10 fois , 100 fois , 1000 fois plus petit , si on la reporte vers la gauche d'un , deux ou trois rangs.

Nota. 2º On ne change pas la valeur des chiffres décimaux en mettant des zéros à leur droite. On a plus de parties , mais des parties d'autant plus petites , ce qui fait qu'il y a compensation.

QUATRIÈME LEÇON.

SYSTÈME MÉTRIQUE.

Le *système métrique* est l'ensemble des principes d'après lesquels on a déterminé les poids et les mesures.

Il est appelé *métrique*, parce qu'il a le *mètre* pour base, et *légal* parce qu'il est le seul autorisé par la loi.

Le *mètre* est une mesure de *longueur* équivalant à la *dimillionnième partie du quart du méridien terrestre*.

Les unités du système métrique sont au nombre de six, savoir : le MÈTRE, l'ARE, le STÈRE, le LITRE, le GRAMME et le FRANC.

Le MÈTRE est la mesure *linéaire* ou de *longueur*.

L'ARE est la mesure des surfaces : c'est un carré qui a dix mètres de côté, ou cent mètres de superficie.

Le STÈRE est la mesure des bois de chauffage : c'est le *mètre cube*, c'est-à-dire un *solide* qui a un *mètre sur chaque face*. Un dé à jouer en présente la forme.

Le LITRE est la mesure des boissons et des grains : C'est une mesure de forme cubique dont les dimensions intérieures sont égales à un *décimètre*. Le *litre* usité a la contenance mais non la forme légale.

Le GRAMME est la mesure de pesanteur : il équivaut au poids d'un centimètre cube d'eau distillée, ramenée à son maximum de densité.

Enfin le FRANC est l'unité monétaire : il contient neuf dixièmes d'argent, et un dixième d'alliage. Son poids est de cinq grammes. *Ainsi une pièce de 5 francs pèse 25 grammes.*

Pour composer les *multiples* et les *sous-multiples* de ces *six unités* on a employé sept mots en tout, ce sont :

MULTIPLES,			SOUS-MULTIPLES.		
DECA	qui signifie	10	DÉCI	qui signifie	*dixième.*
HECTO	qui signifie	100	CENTI	qui signifie	*centième.*
KILO	qui signifie	1,000	MILLI	qui signifie	*millième.*
MYRIA	qui signifie	10,000			

REMARQUE. Le *mètre* prend toutes ces dénominations ; le *stère* ne prend point de multiples et n'admet que le premier des sous-multiples. Le *litre* admet les quatre premiers multiples, et les trois sous-multiples. Le *gramme* admet les sept mots. L'*are* n'admet que l'*hecto* et le second des sous-multiples sous les noms de *hectare* et *centiare*. Le *franc* ne reçoit aucun des multiples, et prend deux sous-multiples sous le nom de *décimes* et *centimes.*

COROLLAIRE.

L'*are* dérive du *mètre* en ce que c'est un *décamètre carré.*

Le *stère* en ce que c'est un *solide* qui a un mètre sur six faces.

Le *litre* en ce que c'est la contenance d'un décimètre cube d'eau.

Le *gramme* en ce que c'est le poids d'un centimètre cube d'eau distillée.

Enfin le *franc* en ce qu'il pèse cinq grammes.

~~~~~~~~~~~~~~~~~~~~~~~~~~~~~~~~~~~

CINQUIÈME LEÇON.

DES OPÉRATIONS FONDAMENTALES DE L'ARITHMÉTIQUE.

Les opérations fondamentales de l'arithmétique sont l'*addition*, la *soustraction*, la *multiplication* et la *division.*
~~~~~~~~~~~~~~~~~~~~~~~~~~~~~~~~~~~

Le signe de l'addition est + qui signifie *plus* ou *ajouté à.*

Le signe de la soustraction est — qui signifie *ôté de* ou *moins.*

Le signe de la multiplication est × qui signifie *multiplié par.*

Le signe de la division est : qui signifie *divisé par.*

Le signe de l'égalité est = qui signifie *égal à.*

SIXIÈME LEÇON.

DE L'ADDITION.

L'*addition* est l'opération par laquelle on joint ensemble plusieurs quantités de même espèce pour en former un seul nombre qu'on appelle *somme* ou *total.*

Par quantité de même espèce on entend celles qui ont le même nom , comme des mètres , des grammes , des francs.

Pour faire une addition , on écrit les nombres à réunir les uns sous les autres , de manière que les unités de même ordre se correspondent ; c'est-à-dire , les unités sous les unités , les dixaines sous les dixaines etc. , comme dans l'exemple suivant.

$$67429$$
$$3541$$
$$835$$
$$28$$
$$34$$

Les quantités ainsi posées , on commence le calcul par la droite, afin de porter les dixaines provenant de l'addition des unités à la colonne des dixaines , et les centaines qui proviennent de la colonne des dixaines à la colonne des centaines , et ainsi de suite.

EXEMPLE.

Une personne a reçu les quatre sommes suivantes : 125 francs , 234 francs , 345 francs , 456 francs. Voulant savoir ce qu'elle a reçu en tout , elle dispose ainsi son opération.

$$125$$
$$234$$
$$345$$
$$456$$

Total. $\overline{1160}$

Les quantités ainsi écrites les unes sous les autres et dans l'ordre convenable, elle dit en commençant par la droite : 5 et 4 font 9, et 5 font 14, et 6 font 20 ; en 20 il y a deux dixaines, je pose 0 sous les unités, et je retiens les deux dixaines que je reporte au rang des dixaines. Passant à la colonne des dixaines, elle dit : 2 de retenus et 2 font 4, et 3 font 7, et 4 font 11, et 5 font 16 ; en 16 dixaines il y a une centaine et 6 dixaines, je pose 6 au rang des dixaines, et j'additionne une centaine de retenue avec la colonne des centaines en disant : 1 et 1 font 2, et 2 font 4, et 3 font 7, et 4 font 11, je pose 1 au rang des centaines, et j'avance 1 au rang des mille, ce qui me donne un total de 1160 francs.

L'addition des *fractions décimales* se fait comme celle des nombres entiers ; mais à la droite du résultat on sépare par une virgule autant de chiffres décimaux qu'il y en a dans le nombre qui en a le plus.

2.

Exemple.

Un marchand a vendu 1° 425^m 25. 2° 641^m 75. 3° 318^m 235. Désirant connaître le total de ce qu'il a vendu, il dispose ainsi son opération.

$$
\begin{array}{r}
425^m\ 25 \\
641\!-\!75 \\
318\!-\!235 \\
\hline
\end{array}
$$

Total.   1385^m 235

Les nombres ainsi posés, il commence par la droite et dit : 5 est 5 ; je pose 5 à la colonne des millièmes : passant aux centièmes il dit : 5 et 5 font 10 et 3 font 13 ; en 13 centièmes il y a un dixième et 3 centièmes ; je pose 3 sous les centièmes et je dis : 1 de retenu et 2 font 3, et 7 font 10, et 2 font 12 ; en 12 dixièmes il y a une unité plus deux dixièmes, je pose 2 au rang des dixièmes, et je dis : 1 de retenu et 5 font 6, et 1 font 7, et 8 font 15, je pose 5 et je retiens une dixaine pour la joindre aux dixaines. Il continue ainsi l'opération, et obtient pour résultat 1385^m 235.

SEPTIÈME LEÇON.

DE LA SOUSTRACTION.

La *soustraction* est une opération par laquelle on retranche un nombre d'un autre nombre plus grand pour connaître de combien le plus grand surpasse le plus petit. Le résultat de l'opération s'appelle reste, excédent ou différence.

Pour faire la soustraction on écrit le nombre à soustraire au-dessous de l'autre, de manière que les unités de même ordre se correspondent ; on souligne le nombre inférieur pour le séparer du résultat ; ensuite on retranche successivement, en commençant par la droite chaque chiffre du nombre inférieur de son correspondant dans le nombre supérieur et l'on écrit le reste au-dessous ou zéro s'il ne reste rien.

EXEMPLE.

Un voyageur qui avait 8648 francs, en

a dépensé 7427 : voulant savoir ce qui lui reste , il dispose ainsi ses deux sommes :

8648
7427

Reste.   1221 francs.

Puis commençant par les unités , il dit : de 8 ôtez 7 , reste 1 ; de 4 ôtez 2 , reste 2 ; de 6 ôtez 4 , reste 2 ; et enfin de 8 ôtez 7 reste 1.

Nota. 1° Quelquefois le chiffre inférieur est plus fort que son correspondant du nombre supérieur : Dans ce cas on ajoute à celui-ci dix unités pour rendre la soustraction possible , et , lorsque l'on passe à la colonne suivante , pour qu'il y ait compensation on augmente le chiffre inférieur d'une seule unité qui vaut les dix unités ajoutées au chiffre supérieur :

EXEMPLE.

De   862617
Otez   254872

Il reste.   607745

MANIÈRE DE PROCÉDER.

De 7 ôtez 2 , reste 5 ; de 11 ôtez 7 , reste 4 ;

de 16 ôtez 9, reste 7; de 12 ôtez 5, reste 7; de 6 ôtez 6, reste 0; enfin de 8 ôtez 2, reste 6 : ce qui donne une différence de 607745 unités.

Nota. 2° Quelquefois le chiffre sur lequel on doit emprunter est un zéro. Dans ce cas on s'y prend comme dans le précédent.

Par exemple, voulant ôter de la somme
de   670620 francs.
Celle de   557239 francs.
Reste.   113381 francs.

On dira : de 10 ôtez 9, reste 1 ; de 12 ôtez 4, reste 8 ; de 6 ôtez 3, reste 3 ; de 10 ôtez 7, reste 3 ; de 7 ôtez 6, reste 1 ; de 6 ôtez 5, reste 1 ; en tout 113381 francs d'excédent.

Remarque. On agit ainsi quelque soit le nombre de zéros. Ainsi en ôtant de la somme
de   50000 francs.
Celle de   43454 francs.
On aura   6546   pour reste.

La soustraction des *fractions décimales* se fait comme celle des nombres entiers. Seulement pour que les unités soient de même espèce dans les deux nombres, on place des zéros à la droite de celui qui en a le moins ; et, la soustraction faite, on sépare, au reste, par une virgule, autant de chiffres décimaux qu'en avait le nombre qui en contenait le plus. Soit 44,6294 à soustraire de 47,5.

On écrit.   47,5000
              44,6294
Reste.   .2,8706

Remarque. Comme un dernier zéro sur la gauche n'ajoute rien au nombre, il est mieux de le remplacer par un point.

HUITIÈME LEÇON.

MULTIPLICATION.

La *multiplication* est une opération par laquelle on prend un nombre autant de fois que l'unité est contenue dans un autre.

Le nombre à multiplier s'appelle *multiplicande* ; celui par lequel on multiplie s'appelle *multiplicateur*, et le résultat de l'opération s'appelle *produit*.

Le *multiplicande* et le *multiplicateur* s'appellent encore *facteurs* du produit.

Les unités du produit sont de même nature que celles du multiplicande, et cela doit être, puisqu'elles ne sont que le multiplicande répété un certain nombre de fois ; d'où l'on voit qu'il est facile de distinguer ces facteurs l'un de l'autre.

Les principaux usages de la multiplication sont 1° de faire connaître le produit de deux nombres ; 2° le prix de plusieurs unités de même espèce lorsqu'on connaît le prix de l'une d'elles ; 3° elle sert à réduire des espèces principales en leurs parties, comme des mètres en décimètres, centimètres etc ; des années en jours, heures, minutes et secondes ; 4° à trouver la surface et la solidité des corps ; comme la surface d'un appartement en multipliant la largeur par la longueur ; la solidité d'une poutre en multipliant la largeur de l'une des extrémités par la hauteur, et le produit par la longueur de la pièce de bois ; 5° à prouver la division.

On ne donne pas de méthode pour la multiplication d'un chiffre par un autre ; la table de multiplication qu'on doit savoir par cœur , en donne le moyen.

TABLE DE MULTIPLICATION.

2 fois 2 font 4			3 fois 11 font 33	
2 fois 3 font 6			3 fois 12 font 36	
2 fois 4 font 8			—	
2 fois 5 font 10			4 fois 4 font 16	
2 fois 6 font 12			4 fois 5 font 20	
2 fois 7 font 14			4 fois 6 font 24	
2 fois 8 font 16			4 fois 7 font 28	
2 fois 9 font 18			4 fois 8 font 32	
2 fois 10 font 20			4 fois 9 font 36	
2 fois 11 font 22			4 fois 10 font 40	
2 fois 12 font 24			4 fois 11 font 44	
—			4 fois 12 font 48	
3 fois 3 font 9			—	
3 fois 4 font 12			5 fois 5 font 25	
3 fois 5 font 15			5 fois 6 font 30	
3 fois 6 font 18			5 fois 7 font 35	
3 fois 7 font 21			5 fois 8 font 40	
3 fois 8 font 24			5 fois 9 font 45	
3 fois 9 font 27			5 fois 10 font 50	
3 fois 10 font 30			5 fois 11 font 55	

5 fois 12 font 60	8 fois 9 font 72
—	8 fois 10 font 80
6 fois 6 font 36	8 fois 11 font 88
6 fois 7 font 42	8 fois 12 font 96
6 fois 8 font 48	—
6 fois 9 font 54	9 fois 9 font 81
6 fois 10 font 60	9 fois 10 font 90
6 fois 11 font 66	9 fois 11 font 99
6 fois 12 font 72	9 fois 12 font 108
—	—
7 fois 7 font 49	10 fois 10 font 100
7 fois 8 font 56	10 fois 11 font 110
7 fois 9 font 63	10 fois 12 font 120
7 fois 10 font 70	—
7 fois 11 font 77	11 fois 11 font 121
7 fois 12 font 84	11 fois 12 font 132
—	—
8 fois 8 font 64	12 fois 12 font 144

Neuvième Leçon.

MANIÈRE DE FAIRE LA MULTIPLICATION.

Après avoir placé les deux facteurs l'un

au-dessous de l'autre et tiré un trait, on prend chacun des chiffres du facteur supérieur autant de fois que l'unité est contenue dans le facteur inférieur. Si l'un des produits donne des dixaines , on ne pose que les unités , et l'on retient les dixaines pour les joindre au premier produit suivant à gauche. On fait ainsi jusqu'à ce que tous les chiffres du facteur supérieur soient épuisés ; et la suite des chiffres que l'on aura obtenus donnera le produit total.

EXEMPLE.

Soit à multiplier 526 par 5 : j'écris 5 au-dessous de 526 , comme ci-dessous : je tire un trait et je dis :

$$
\begin{array}{r}
526 \\
5 \\
\hline
2650
\end{array}
$$

5 fois 6 font 30 ; en 30 il est trois dixaines ; je pose zéro sous les unités , et je retiens 3 pour les joindre au produit des dixaines ; puis je dis : 5 fois 2 font 10 , et 3 de retenus font 13 ; en 13 dixaines il y a une centaine et 3 dixaines , je pose mes dixaines sous les dixaines du multiplicande et je retiens une cen-

taine. J'ajoute 5 fois 5 font 25, et 1 de retenu font 26 ; je pose 6 aux centaines et j'avance 2. — Produit total 2630.

Remarque. On place ordinairement le multiplicateur sous le multiplicande. Dans les nombres abstraits on les place indifféremment l'un et l'autre. Néanmoins l'opération est toujours plus facile lorsqu'on place dessous le facteur qui a le moins de chiffres. Le sens du problème indique suffisamment la nature du produit et fait conséquemment distinguer le multiplicande du multiplicateur.

Dixième Leçon.

Lorsque le multiplicateur a plusieurs chiffres, on fait successivement avec chacun de ces chiffres ce qu'on vient de faire quand il n'y en a qu'un. Ainsi on multiplie d'abord tout le multiplicande par le chiffre des unités du multiplicateur ; ensuite par celui des dixaines dont on écrit le produit sous les dixaines du multiplicande ; puis les centaines dont on écrit le produit sous les centaines du multiplicande, en reculant toujours d'un rang vers la gauche jusqu'à ce que tout le multiplicateur soit épuisé. Enfin on fait l'addition de tous les produits partiels pour avoir le produit total.

Ainsi ayant à multiplier 4315 par 236 :

$$4315$$
$$236$$

Je dis : 6 fois 5 font 18, je pose 8 et je retiens 1 ; 6 fois 1 font 6, et 1 de retenu 7, je pose 7 ; 6 fois 3 font 18, je pose 8 et je retiens 1 ; 6 fois 4 font 24 et un de retenu 25, je pose 5 et j'avance 2. Passant de là aux dixaines du multiplicateur, je dis : 3 fois 3 font 9, je pose 9 sous les dixaines du multiplicande, attendu que des unités multipliées par des dixaines ne peuvent pas donner moins que des dixaines ; puis 3 fois 1 font 3 que je pose à gauche ; 3 fois 3 font 9 que je pose de même à la gauche du dernier chiffre obtenu ; enfin 3 fois 4 font 12, qui terminent la série de ce produit partiel. Je passe aux centaines et je dis : 2 fois 3 font 6 que je pose sous les centaines ; 2 fois 1 font 2 ; puis 2 fois 3 font

6 , enfin 2 fois 4 font 8 , sommes que je pose toutes à la gauche l'une de l'autre. Cela fait , je tire un trait , et j'additionne tous mes produits partiels pour avoir le produit total.

$$
\begin{array}{r}
4313 \\
236 \\
\hline
25878 \\
12939 \\
8626 \\
\hline
\end{array}
$$

Produit.   1017868

Onzième Leçon.

Nota. 1° L'un des facteurs ou les deux facteurs ensemble peuvent être terminés par des zéros. Dans ces deux cas on abaisse tout de suite le ou les zéros au produit , et l'on opère sur les chiffres significatifs.

J'ai , par exemple , 250 à multiplier par 7 ; mes deux facteurs posés comme il suit , je m'y prends ainsi :

$$
\begin{array}{r}
250 \\
7 \\
\hline
\end{array}
$$

Produit.   1750

j'abaisse d'abord zéro au produit; puis je dis :
7 fois 5 font 35 , je pose 5 et je retiens 3 ; 7
fois 2 font 14 , et 3 de retenus font 17 que je
pose à la gauche du 5 pour avoir le produit
total — 1750.

AUTRE EXEMPLE.

245
30

Produit.   7350

NOTA. 2° Il peut y avoir un ou plusieurs
zéros entre les chiffres significatifs de l'un ou
de l'autre facteur.

Si les zéros se trouvent dans le facteur supérieur on pose le retenu s'il y en a , et zéro
s'il n'y en a point , comme dans l'exemple
suivant :

40039
25
200195
80078

Produit.   1000975

Si les zéros se trouvent dans le facteur inférieur on les pose également au produit , et

l'on multiplie par le chiffre suivant, ayant soin de porter le produit sous le rang que désigne la place qu'il occupe.

EXEMPLE.

$$
\begin{array}{r}
423 \\
106 \\
\hline
2538 \\
4230 \\
\hline
\end{array}
$$

Produit.   44838

Nota. 3° Un des facteurs ou les deux ensemble peuvent être accompagnés de fractions décimales.

Dans ce cas on opère comme pour les nombres entiers sans avoir égard aux virgules; mais au produit on sépare à la droite autant de chiffres décimaux qu'il y en avait dans les deux facteurs. Soit à multiplier 203,45 par 18,25.

Posant nos deux facteurs l'un au-dessous de l'autre sans avoir égard aux virgules, et ainsi qu'il suit :

$$20345$$
$$1825$$
$$\overline{101725}$$
$$40690$$
$$162760$$
$$20345$$

Produit. $\overline{\quad 37129625}$

J'obtiens pour résultat 37 129 625 ; mais séparant sur la droite de mon produit quatre décimales, je le réduis à sa valeur véritable qui est 3712 , 9625 dimilllièmes.

Nota. 4° La multiplication peut se faire sur des parties décimales seulement. On opère encore comme dans le cas précédent, et si le nombre des chiffres décimaux du produit n'était pas suffisant pour égaler ceux qui sont contenus dans les deux facteurs ensemble, il faudrait y suppléer par des zéros que l'on placerait à la gauche des chiffres significatifs.

$$0, \quad 160$$
$$0, \quad\;\, 50$$
$$\overline{0, \; 8000}$$

j'obtiens pour produit 0, 8000 ; mais comme j'ai une décimale de moins que dans mes deux facteurs, je place un zéro à la gauche du 8, et j'ai 0 entiers 08000 centmillièmes qui est le résultat véritable.

Douzième Leçon.

DE LA DIVISION.

La *division* est une opération par laquelle on cherche l'un des facteurs d'un produit dont on connait l'autre facteur et ce produit.

Ainsi diviser 12 par 3, c'est chercher un nombre qui multiplié par 3 reproduise 12.

Le nombre à diviser s'appelle *dividende*; celui par lequel on divise s'appelle *diviseur*, et le résultat de l'opération se nomme *quotient*.

Les principaux usages de la division sont les suivants :

Elle sert 1° à découvrir combien de fois une quantité est contenue dans une autre ; 2° à partager un nombre en parties égales ; 3° à trouver le prix d'une chose par la

connaissance de plusieurs de la même espèce ;
4°, à rappeler les parties à leur tout ; 5° à
prouver la multiplication.

TREIZIÈME LEÇON.

MANIÈRE DE FAIRE LA DIVISION.

Pour faire la division lorsque le dividende
a plusieurs chiffres et que le diviseur n'en
a qu'un, on écrit le dividende et le diviseur
sur la même ligne : on les sépare par un trait
et on souligne le diviseur. Ensuite on cherche combien de fois le premier ou les deux
premiers chiffres à gauche du dividende contiennent le diviseur : on écrit ce quotient
sous le diviseur, puis on multiplie le diviseur par ce quotient partiel : On pose le produit sous la partie du dividende sur laquelle
on a opéré afin de l'en retrancher. A côté du
reste on abaisse le chiffre suivant du dividende. On a par ce moyen un nouveau dividende partiel sur lequel on opère comme sur
le premier. On continue ainsi jusqu'à ce que

tous les chiffres du dividende soient épuisés.

EXEMPLE.

Dividende   18|6 diviseur.
           18|3 quotient.
            0

Ayant écrit le dividende et le diviseur comme il vient d'être dit, j'examine combien de fois le nombre 6 est contenu dans 18 ; je vois qu'il y est contenu 3 fois ; j'écris 3 au quotient ; je multiplie ensuite le diviseur par ce quotient ; je pose le produit sous le dividende, et je l'en soustrais ; comme il ne reste rien, j'en conclus que 18 contient 6 exactement 3 fois, ou que 3 est le nombre par lequel il faut multiplier 6 pour reproduire le dividende.

Il y a plusieurs choses à remarquer dans la division : 1° le produit du diviseur par le chiffre posé au quotient doit être moindre que le membre qu'on divise ou lui être égal ; 2° le restant de chaque division doit être moindre que le diviseur ; 3° on ne pose jamais plus de 9 au quotient ; 4° lorsque après avoir abaissé un chiffre à côté d'un reste , il arrive que le diviseur n'est pas contenu dans ce dividende , on pose zéro au quotient , et l'on descend de suite un autre chiffre pour rendre le dividende capable de contenir le diviseur.

Quatorzième Leçon.

MANIÈRE DE FAIRE LA DIVISION LORS- QUE LE DIVISEUR A PLUSIEURS CHIFFRES.

Lorsque le diviseur a plusieurs chiffres, après l'avoir écrit à la droite du dividende , comme nous l'avons dit ci-dessus , on prend à la gauche du dividende autant de chiffres qu'il en faut pour contenir le diviseur. Ce qui reste de chiffres , plus un , indique le nombre de chiffres qu'il y aura au quotient. On cherche alors combien de fois le diviseur est contenu dans le dividende partiel ; on pose le quotient sous le diviseur : on multi- plie celui-ci par ce quotient : on pose le pro-

duit sous le dividende partiel dont on le retranche. A côté du reste on abaisse un nouveau chiffre du dividende ce qui forme un
nouveau dividende partiel sur lequel on
opère comme on a fait d'abord, ayant soin
de placer le nouveau quotient à droite du
premier. L'opération est terminée quand
tous les chiffres du dividende sont épuisés.

Soit à diviser 4738 francs entre 54 person-
nes. Disposant comme il suit mon dividende
et mon diviseur.

$$
\begin{array}{r|l}
4738 & 54 \\
432 & \overline{87} \\
418 & \\
378 & \\
40 & \\
\end{array}
$$

Je dis en 473 combien de fois 54, ou en
47 combien de fois 5 il y est 9 fois ; mais 54
multiplié par 9 donnerait 486 qui est plus
grand que 473, je ne mets que 8 au quotient :
multipliant 54 par 8 j'ai 432 à soustraire du
premier membre. A côté du reste 41 j'abaisse
8, ce qui me fait 418 pour deuxième membre : je dis donc en 41 combien de fois 5 :
voyant qu'il ne peut y être que 7, je pose 7

au quotient et je multiplie et soustrais comme ci-dessus. La règle finie je vois que chaque partageant aura 87 , et qu'il restera encore 40 francs à partager entre eux.

NOTA. 1ᵉ Lorsqu'il y a un reste , comme dans la division précédente , on peut le mettre à la droite du quotient et écrire le diviseur au-dessous : on les sépare par un trait horizontal qui signifie divisé par , et qui indique que ce reste du dividende est à partager en autant de parties qu'il y a d'unités au diviseur.

NOTA. 2° On peut aussi continuer la division, mais comme la quantité à diviser ne peut plus l'être par le diviseur, on peut rendre la division possible , et approcher d'aussi près que l'on voudra de la réalité par le moyen des décimales. A cet effet il faut mettre un zéro à la droite du reste pour avoir des dixièmes au quotient ; si l'on a encore un reste , on ajoute un second zéro qui donne des centièmes; c'est-à-dire qu'il faut mettre à la droite des restes autant de zéros qu'on veut avoir de chiffres décimaux.

MANIÈRE DE SIMPLIFIER LA DIVISION.

Il y a un moyen facile de simplifier la division ; c'est de soustraire à mesure que l'on multiplie les unités du diviseur par chaque quotient partiel, sans poser le produit sous le dividende partiel.

EXEMPLE.

Un particulier a 8764 francs de rente annuelle ; combien a-t-il a dépenser par jour ? Disposant comme il suit mon opération :

$$8764 \mid 365$$
$$1464 \mid 24 \text{ francs.}$$
$$..4$$

Je dis en 876 combien de fois 365, ou en 8 combien de fois 3, il y est 2 fois que je pose au quotient : puis multipliant le diviseur, j'ajoute : 2 fois 5 font 10, lesquels ôtés de 16, il reste 6, et je retiens 1 ; 2 fois 6 font 12 et 1 de retenu 13, lesquels ôtés de 17 il reste 4, et 1 de retenu ; 2 fois 3 font 6, et 1 font 7, lesquels ôtés de 8 il reste 1. Je descends le 4 pour avoir le second membre du dividende, et j'agis comme pour le premier. Il reste 4 que l'on peut réduire en décimales.

Remarque. Quelquefois le dividende ne contient pas le diviseur. Dans ce cas on place d'abord zéro au quotient suivi d'une virgule pour indiquer qu'il n'y a pas d'entiers, et on réduit le dividende en dixièmes, puis en centièmes etc. et on opère comme à l'ordinaire.

EXEMPLE.

250 litres de vin ont été vendus 35 francs quel est le prix du litre ? R. 0 f. 14 c.

OPÉRATION.

$$\begin{array}{r|l} 350 & 250 \\ 1000 & \overline{0\,f.\,14\,c.} \\ 000 & \end{array}$$

QUINZIÈME LEÇON.

DES FRACTIONS DÉCIMALES.

La division des fractions décimales présente quatre cas.

1° Le dividende et le diviseur peuvent avoir

un égal nombre de décimales. Alors la division se fait comme celle des nombres entiers sans avoir égard aux deux virgules.

EXEMPLE.

Soit à diviser 149 fr, 35 c. par 4^m 12 pour connaître le prix d'un mètre.

Supprimant les virgules je dispose ainsi mon opération, et j'obtiens pour quotient 36 f. 25.

14935 | 412
2575 | 36 f. 25
1030
2060
0000

NOTA. En supprimant la virgule dans le dividende j'ai rendu mon quotient cent fois trop grand : en la supprimant dans le diviseur je le rends cent fois moins grand : il y a évidemment compensation.

2° Le dividende peut n'avoir pas autant de décimales que le diviseur. Dans ce cas on complète par des zéros les décimales du dividende, et l'on agit comme dans le premier cas.

Exemple.

On a payé 13 fr. 6 déci. pour 2^m 125 d'étoffe, à combien revient le mètre ? R. à 6 fr. 4 décimes.

Opération.

$$\begin{array}{r|l} 13600 & 2125 \\ .8500 & \overline{\text{6 f. 4 décimes.}} \\ 0000 & \end{array}$$

5° Le dividende peut n'avoir pas du tout de décimales. Dans ce cas on y supplée par des zéros, et l'on opère encore comme ci-dessus.

Exemple.

On veut employer à acheter de la toile 13456 fr.; combien en aura-t-on si le mètre coûte 5 fr. 35 ? R. 2515^m 14^c

Opération.

$$\begin{array}{r|l} 1345.6.0.0 & 535 \\ 2756 & \overline{2515^m\ 14^c} \\ .810 & \\ 2750 & \\ .750 & \\ 2150 & \\ 010 & \end{array}$$

4° Le dividende peut avoir plus de décimales que le diviseur. Dans ce cas on peut diviser de suite et séparer sur la droite du quotient autant de décimales qu'il y en a de plus au dividende qu'au diviseur, ou bien compléter par des zéros les décimales qui manquent au diviseur.

EXEMPLE.

Soit 690 fr. 75 à partager entre 36. L'opération donne pour réponse 19 fr. 18 $+ \frac{27}{36}$

69.0.75 | 36
330 | 19 fr. 18
.67
315
27

OBSERVATION.

NE PEUT-ON PAS ABRÉGER LA DIVISION.

On le peut 1° lorsque le diviseur est d'un seul chiffre. Alors on commence par la gauche à prendre de chaque chiffre du dividende la quantité indiquée par le diviseur.

Soit 924 à diviser par 6 :

Pour abréger l'opération on dit : Le sixième

de 9 est 1 + 3 qui ajoutés comme dixaines à 2 font 32; le sixième de 32 est 5 + 2; enfin le sixième de 24 est 4 ce qui fait pour résultat 154.

2° En supprimant dans le dividende et dans le diviseur un égal nombre de zéros.

3° Lorsque le diviseur est l'unité suivie de un ou plusieurs zéros, en séparant de suite à la droite du dividende autant de chiffres décimaux qu'il y a de zéros.

4° Lorsque le diviseur est 20, en prenant la moitié de tous les chiffres du dividende, moins le dernier à droite, que l'on convertit en décimales en mettant des zéros à sa droite.

Soit 6844 à diviser par 20 :

Je dis la moitié de 6 est 3; la moitié de 8 est 4; la moitié de 4 est 2. Il reste 4 auxquels j'ajoute deux zéros qui me donnent pour quotient 20 centièmes.

En supprimant le zéro du diviseur j'ai rendu mon quotient 10 fois trop grand, en séparant une décimale à la droite de mon dividende je l'ai rendu 10 fois trop faible ; donc il y a compensation.

Seizième Leçon.

PREUVES DES QUATRE RÈGLES.

1° DE L'ADDITION.

La preuve de l'addition se fait par la soustraction. Commençant par la gauche on ôte le total de chaque colonne du nombre qui est au-dessous ; on pose le reste sous ce nombre pour le joindre avec le chiffre qui répond à la colonne suivante ; de cette quantité on retranche la totalité de la colonne ; on continue ainsi jusqu'à la dernière colonne. Si du total de l'addition on peut ôter sans reste le montant de toutes les colonnes, c'est-à-dire s'il vient zéro sous la dernière, c'est une preuve que l'opération est exacte.

La raison de cette preuve est fondée sur ce principe, que si d'un tout on retranche les différentes parties qui le composent il ne doit rien rester ; or le total de l'addition est composé du total des unités, de celui des dixaines, de celui des centaines etc. ; si donc on les retranche successivement, il n'y doit rien rester. On commence par la gauche afin de réduire les restes en parties de l'unité immédiatement inférieure.

2° DE LA SOUSTRACTION.

La preuve de la soustraction se fait par l'addition. On ajoute la différence avec le plus petit nombre, et si la somme égale le plus grand, c'est une preuve que la règle est bonne.

La raison de cette preuve est fondée sur ce que si l'on ajoute à un nombre plus petit la différence qui existe entre lui et un plus grand, auquel il est comparé, il lui devient égal.

3° DE LA MULTIPLICATION.

La preuve de la multiplication se fait par la division. Divisez le produit par l'un des facteurs, vous trouverez l'autre pour quotient.

La raison de cette preuve est fondée sur
la définition même de la division. En effet le
produit de la multiplication peut être considéré comme un nombre résultant de la multiplication de deux facteurs, dont on connait
déjà le premier, et par conséquent comme
un dividende. Si en essayant la division par
le facteur connu on retrouve l'autre, c'est
une preuve que l'opération était bien faite.
Autrement ils ne seraient pas facteurs de ce
produit, ou le produit ne serait pas celui que
l'on recherche.

4º DE LA DIVISION.

La preuve de la division se fait par la mul-
plication.

Multipliez le diviseur par le quotient et
ajoutez au produit le reste s'il y en a un. Si
l'opération est bien faite, vous devez obte-
nir un produit égal au dividende. En effet le
dividende peut être considéré comme le produit de deux facteurs dont l'un est le diviseur et l'autre le quotient : si le produit de
ces deux facteurs égale ce dividende, c'est
une preuve que le quotient trouvé est exact,

et conséquemment que la division est bien faite.

SUPPLÉMENT

DES FRACTIONS ORDINAIRES.

On appelle *fractions ordinaires* celles qui ne sont point décimales, et qui s'expriment par deux termes placés l'un au-dessus de l'autre, comme $\frac{1}{2}$ $\frac{2}{3}$ $\frac{3}{4}$ $\frac{4}{5}$ $\frac{5}{6}$ $\frac{6}{7}$ $\frac{7}{8}$ etc. que l'on prononce *un demi*, *deux tiers*, *trois quarts*, *quatre cinquièmes*, *cinq sixièmes*, *six septièmes*, *sept huitièmes* etc.

Le nombre inférieur s'appelle *dénominateur*, et indique en combien de parties égales l'unité est partagée. Le nombre supérieur, appelé *numérateur*, indique la valeur de la fraction. Le trait qui les sépare signifie *divisé par*.

Pour opérer sur ces fractions comme sur les fractions décimales il faut les réduire en fractions décimales.

Pour cela il suffit de diviser le numérateur par le dénominateur, en convertissant le numérateur en dixièmes , centièmes , etc , ce qui se fait en mettant à sa droite autant de zéros qu'il en faut.

Soit la fraction $\frac{7}{8}$. Pour la réduire en millièmes j'ajoute trois zéros au numérateur, et j'obtiens 0,875.

OPÉRATION.

$$\begin{array}{r|l} 70 & 8 \\ \hline 60 & 0{,}875 \\ 40 & \\ 0 & \end{array}$$

Quant l'opération ne peut se faire exactement , on s'arrête à l'ordre de décimales que l'on veut avoir , et on néglige le reste.

NOTA. $\frac{1}{4}$ se change tout de suite par 0, 25, $\frac{1}{2}$ par 0, 50, $\frac{3}{4}$ par 0, 75.

FINIS CORONET OPUS.

TABLE DES MATIÈRES.

FIN DE LA TABLE.